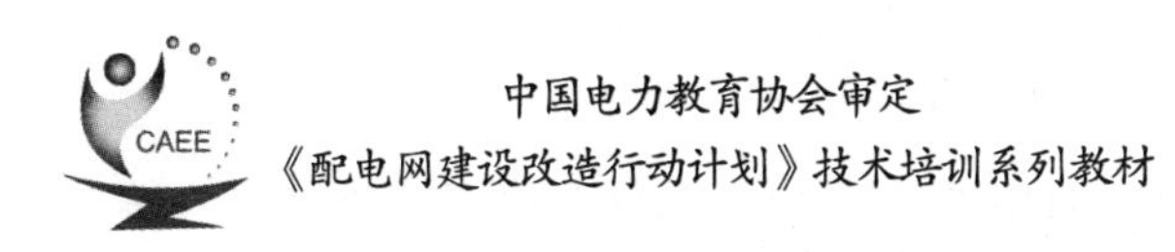

DL/T 1563—2016
《中压配电网可靠性评估导则》
条文解读

万凌云　主　编
田洪迅　吴高林　副主编

中国电力出版社
CHINA ELECTRIC POWER PRESS

内 容 提 要

DL/T 1563—2016《中压配电网可靠性评估导则》是为适应电力可靠性管理由事后统计评价向事前预测评估转变而制定的第一部电力行业标准。

本书为 DL/T 1563—2016 的条文解读，主要对导则中的部分条款进行必要的解释和说明，以帮助相关专业人员正确、深入地理解和掌握标准。通过对导则的主要条款进行解读，向读者呈现了较为全面、丰富的技术内容，这对于相关专业人员熟悉、理解和掌握标准是非常有益的。

本书适用于供电企业及电力用户的中压配电网可靠性评估分析工作和中压配电网规划、设计、建设、改造以及生产运行中进行的可靠性评估工作。

图书在版编目（CIP）数据

DL/T 1563—2016《中压配电网可靠性评估导则》条文解读/万凌云主编. —北京：中国电力出版社，2018.1

ISBN 978-7-5198-1010-8

Ⅰ. ①D… Ⅱ. ①万… Ⅲ. ①配电系统–系统可靠性–评估–技术规范–解释–中国 Ⅳ. ①TM72–65

中国版本图书馆 CIP 数据核字（2017）第 179932 号

出版发行：中国电力出版社
地　　址：北京市东城区北京站西街 19 号（邮政编码 100005）
网　　址：http://www.cepp.sgcc.com.cn
责任编辑：罗　艳（010–63412315，965207745@qq.cn） 张　亮
责任校对：太兴华
装帧设计：张俊霞　赵姗姗
责任印制：邹树群

印　　刷：三河市百盛印装有限公司
版　　次：2018 年 1 月第一版
印　　次：2018 年 1 月北京第一次印刷
开　　本：850 毫米×1168 毫米　32 开本
印　　张：1.875
字　　数：42 千字
印　　数：0001—2000 册
定　　价：25.00 元

本书编委会

主　　任　孙轶群

委　　员　何国军　伏　进　侯兴哲　刘　佳
　　　　　徐瑞林　詹　宏

本书编写人员名单

主　　编　万凌云

副 主 编　田洪迅　吴高林

编写人员　王宏刚　杨群英　王　艳　宋　伟
　　　　　胡　博　刘　洪　刘文霞　周莉梅

教材编审委员会本书审定人员

主　　审　侯义明

参审人员　（按姓氏笔画排序）
　　　　　刘　伟　何禹清　赵　渊　黄　伟
　　　　　葛少云

总 前 言

为贯彻落实中央“稳增长、调结构、促改革、惠民生”有关部署，加快配电网建设改造，推进转型升级，服务经济社会发展，国家发展改革委、国家能源局于2015年先后印发了《关于加快配电网建设改造的指导意见》（发改能源〔2015〕1899号）和《配电网建设改造行动计划（2015—2020年）》（国能电力〔2015〕290号），动员和部署实施配电网建设改造行动，进一步加大建设改造力度，建设一个城乡统筹、安全可靠、经济高效、技术先进、环境友好的配电网设施和服务体系。

为配合《配电网建设改造行动计划（2015—2020年）》的实施，保证相关政策和要求落实到位，进一步提升电网技术人员的素质与水平，建设一支坚强的技术人才队伍，中国电力教育协会自2016年开始，组织修编和审定一批反映配电网技术升级、符合职业教育和培训实际需要的高质量的培训教材，即《配电网建设改造行动计划》技术培训系列教材。

中国电力教育协会专门成立了《配电网建设改造行动计划》教材建设委员会、教材编审委员会，并根据配电网特点与培训实际在教材编审委员会下设规划设计、配电网建设、运行与维护、配电自动化、分布式电源与微网、新技术与新装备、标准应用和专项技能8个专业技术工作组，主要职责为审定教材规划、目录、教材编审委员会名单、教材评估标准，推进教材专家库的建设，促进培训教材推广应用。委员主要由国家能源局、中国电力企业联合会、国家电网有限公司、中国南方电网有限责任公司、内蒙古电力（集团）有限责任公司等相关电力企业（集团）人力资源、生产、培训等管理部门、科研机构、高等院校以及部分大型装备制造企业推荐组成。常设服务机构为教材建设委员会办公室，由中国电力教育协会联合国网技术学院、中国南方电网有限责任公司教育培训评价中心和中国电力出版社相关工作人员组成，负责日常工作的组织实施。

为规范《配电网建设改造行动计划》教材编审工作，中国电力教育协会组织审议并发布了《中国电力教育协会〈配电网建设改造行动计划〉教材管理办法》和《中国电力教育协会〈配电网建设改造行动计划〉教材编写细则》，指导和监督教材规划、开发、编写、审定、推荐工作。申报教材类型分为精品教材、修订教材、新编教材和数字化教材。于 2016～2020 年每年组织一次教材申报、评审及教材目录发布。中国电力教育协会定期组织教材编审委员会对已立项选题教材进行出版前审核，并报教材建设委员会批准，满足教材审查条件并通过审核的教材作为“《配电网建设改造行动计划》技术培训系列教材”发布。在线申报/推荐评审系统为中国电力出版社网站 http://www.cepp.sgcc.com.cn，邮件申报方式为 pdwjc@sgcc.com.cn，通知及相关表格也可在中国电力企业联合会网站技能鉴定与教育培训专栏下载。每批通过的项目会在该专栏以及中国电力出版社网站上公布。

本系列教材是在国家能源局的技术指导下，中国电力企业联合会的大力支持和国家电网有限公司、南方电网公司等以及相关电力企业集团的积极响应下组织实施的，凝聚了全行业专家的经验和智慧，汇集和固化了全国范围内配电网建设改造的典型成果，实用性强、针对性强、操作性强。教材具有新形势下培训教材的系统性、创新性和可读性的特点，力求满足电力教育培训的实际需求，旨在开启配电网建设改造系列培训教材的新篇章，实现全行业教育培训资源的共享，可供广大配电网技术工作者借鉴参考。

当前社会，科学技术飞速发展，本系列教材虽然经过认真的编写、校订和审核，仍然难免有疏漏和不足之处，需要不断地补充、修订和完善。欢迎使用本系列教材的读者提出宝贵意见和建议，使之更臻成熟。

中国电力教育协会

《配电网建设改造行动计划》教材建设委员会

2017 年 12 月

前　言

从 20 世纪 80 年代初由原水利电力部制定并颁发 SD 137—1985《配电系统供电可靠性统计方法（试行）》开始，我国开展了近 30 年的供电可靠性统计与评价工作。在此期间，我国供电可靠性管理工作得到长足发展，可靠性管理已经成为企业管理的主要组成部分和有效手段。广大供电企业通过对供电可靠性统计数据进行深度分析，挖掘出大量设备、管理、人员等方面的问题，促进了我国供电可靠性及其管理水平的提升。近年来，随着我国经济社会的发展，用户对供电可靠性的要求越来越高，仅仅通过对停电事件的统计进行供电可靠性评价分析已难以适应高供电可靠性的需求。

由于供电系统可靠性评估能够有效指导供电系统规划、设计、建设、改造、运行及管理，改善系统的供电可靠性，提高电网投资效益，国内外越来越多的供电企业开展了此项工作。供电可靠性管理由事后统计评价向事前预测评估转变已成为一种趋势。

然而，目前国内外还没有通用的供电系统可靠性评估技术标准可循。各评估主体（供电企业、高等院校、科研机构、科技公司）在开展可靠性评估时采用的模型、方法和指标体系并不统一，假设条件和简化处理手段的合理性参差不齐，各种可靠性评估软件良莠不齐，某些供电可靠性评估报告缺乏规范性，给供电系统可靠性评估工作的推广应用带来障碍。为此，国网重庆市电力公司电力科学研究院于 2012 年 10 月向国家能源局电力可靠性管理中心提报了标准制订申请，并于 2013 年 8 月获得了国家能源局的正式批准，由国家电网公司牵头编制。

《中压配电网可靠性评估导则》属于技术型行业标准。导则规定了中压配电网可靠性评估中的基本术语、原则和技术指标，描述了评估模型、流程和方法，并对参数、评估软件和评估报告提出了相应的要求，形成了科学、完备、实用的中压配电网供电可靠性评估技术标准。导则适用于各配电生产各环节，可有效指导中压配电网规划设计、建设改造、调度运行和运维检修，促进供电可靠性水平和电网投资效益的提升。由于导则涉及的可靠性理论知识广泛且部分内容深度较深，评估模型和流程较为复杂，专业人员准确、深入地理解导则并开展实际应用还存在一定的困难。为此，国网重庆市电力公司决定开展《中压配电网可靠性评估导则》条文解读编制工作。

本书为《中压配电网可靠性评估导则》的条文解读，主要对导则中的部分条款进行必要的解释和说明，介绍导则条款内容的由来，阐述条款内容的含义，对条款内容的有关理论进行扩展叙述，对容易引起误解的内容进行详细说明，描述条款之间、条款与其他相关标准规范有关内容的关系。通过对导则的主要条款进行解读，可以帮助相关专业人员正确、深入地理解和掌握标准。

本书适用于供电企业各级可靠性管理人员、配电网规划人员、配电网调度运行管理人员、配电网运维检修管理人员等在中压配电网可靠性评估工作中使用。相关电力科技公司可在开展配电网规划、配电网分析计算业务时使用。还可作为高等院校电力可靠性课程的参考书。

由于时间仓促，作者水平有限，书中部分内容可能存在不妥之处，敬请各界专家和读者批评指正。

编　者

2017 年 11 月

目　　录

1 范围

本标准规定了中压配电网（配电网）可靠性评估的术语和定义、总则、评估指标体系、模型与参数、评估流程及方法、评估软件设计要求以及评估报告编制要求。

本标准适用于供电企业及电力客户的中压配电网可靠性评估分析工作和中压配电网规划、设计、建设、改造以及生产运行工作中的可靠性评估工作。

【条文解读】DL/T 1563—2016《中压配电网可靠性评估导则》是为全面规范我国中压配电网可靠性评估工作而制定的，不仅对评估指标、模型、流程和方法等核心技术内容进行了规定，还对工程应用层面的评估软件、评估报告等提出了规范化要求，有利于促进中压配电网可靠性评估技术的推广应用。

2 规范性引用文件

下列文件对于本文件的应用是必不可少的。凡是注日期的引用文件，仅注日期的版本适用于本文件。凡是不注日期的引用文件，其最新版本（包括所有的修改单）适用于本文件。

GB/T 156　标准电压

DL/T 836.1—2016　供电系统供电可靠性评价规程　第1部分：通用要求

DL/T 836.2—2016　供电系统供电可靠性评价规程　第2部分：高中压用户

DL/T 861　电力可靠性基本名词术语

GB/T 7826　系统可靠性分析技术　失效模式和影响分析（FMEA）程序

【条文解读】对于 GB/T 156，主要引用了中压的定义。

对于 DL/T 836.1—2016，主要引用了中压用户、中压用户统计单位、故障停电、预安排停电的定义。

对于 DL/T 836.2—2016，主要引用了条款 2.6 关于故障停电的规定。

对于 DL/T 861，主要参考了故障修复时间、故障率的定义。

对于 GB/T 7826，主要参考了“5 失效模式和影响分析”有关内容。

3 术语和定义

下列术语和定义适用于本文件。

3.1

中压配电网 distribution system of medium voltage

由各变电站（发电厂）10（6、20）kV 母线开始至配电变压器二次侧出线套管为止，以及 10（6、20）kV 用户的电气设备与供电企业的管界点为止范围内所构成的供电网络。

【条文解读】该定义在 DL/T 836.1—2016《供电系统用户供电可靠性评价规程 第 1 部分：通用要求》中“中压用户供电系统及其设施”定义的基础上增加了变电站（发电厂）10（6、20）kV 母线。

在 DL/T 5729—2016《配电网规划设计技术导则》中，对配电网的定义如下：从电源侧（输电网、发电设施、分布式电源等）接受电能，并通过配电设施就地或逐级分配给各类用户的电力网络。其中，10（20、6）kV 电网为中压配电网。二者对中压配电网的定义相同，仅描述维度不同。DL/T 5729—2016 主要是从电压等级和功能的维度对中压配电网进行界定；DL/T 1563—2016

主要从电压等级和起止范围及设施的维度对中压配电网进行界定。

3.2

线段　zone of distribution feeder

通过开关设备对线路进行隔离划分形成的每一部分，一般按线路工作时停电的最小线路范围进行统计。

【条文解读】 该定义直接采用了《电力可靠性管理培训教材　操作篇　供电系统用户供电可靠性工作指南》中“线段”的定义。

3.3

负荷点　load point

对于现状电网，一个中压用户统计单位就是一个负荷点；对于规划电网，根据空间负荷预测情况确定负荷点。

【条文解读】 对于规划电网，网络拓扑可能并不完全明晰，因此，常常使用负荷点来等效代替一段线路以及线路上配电变压器所带负荷。在可靠性评估时，一般直接采用规划电网中定义的负荷点。

在本标准中，“用户”指中压用户，其定义同 DL/T 836.1—2016 中“中压用户”的定义。一个中压电能计量点或一台公用配电变压器作为一个中压用户统计单位。

3.4

故障定位隔离时间　fault localization and isolation time

从故障停电发生到故障点被隔离的时间，单位：h。

【条文解读】“故障点被隔离”是指紧邻故障点两侧的开关设备［隔离开关（刀闸）、熔断器］处于分闸状态，合上其他开关设备后，故障点不会处于带电状态。当故障点只有一侧有隔离开关或熔断器时，只需此开关设备处于分闸状态。

3.5

故障修复时间　repair time

从设施故障导致停电到故障设施通过修复或更换而恢复供电的时间，单位：h。

【条文解读】该定义与DL/T 861—2004《电力可靠性基本名词术语》中“修复时间”的定义相同，仅表述方式不同。

3.6

故障停电联络开关切换时间　switching time of tie switch

从故障点被隔离到负荷转供完成的时间，单位：h。

【条文解读】“负荷转供”指通过联络线和联络开关恢复负荷供电。

3.7

故障停电转供时间　transfer time

从故障停电发生到负荷转供完成的时间，包括故障定位隔离时间和故障停电联络开关切换时间，单位：h。

3.8

故障点上游恢复供电操作时间　fault point upstream recovery operation time

从故障点被隔离到故障点上游的开关设备重新合闸而恢复上游负荷供电的时间，单位：h。

【条文解读】“上游”指近电源端，“下游”指远电源端，电源指主电源，而非备用电源。

3.9

故障点上游恢复供电时间　fault point upstream recovery time

从故障停电发生到故障点上游负荷恢复供电的时间，包括故障定位隔离时间和故障点上游恢复供电操作时间，单位：h。

【条文解读】与故障停电相关的各种时间定义之间的关系如图 3–1 所示。在图 3–1 中，故障点所在线段的恢复供电时间为故障修复时间，故障点所在线段上游的恢复供电时间为故障点上游恢复供电时间，故障点所在线段下游的恢复供电时间为故障停电转供时间。

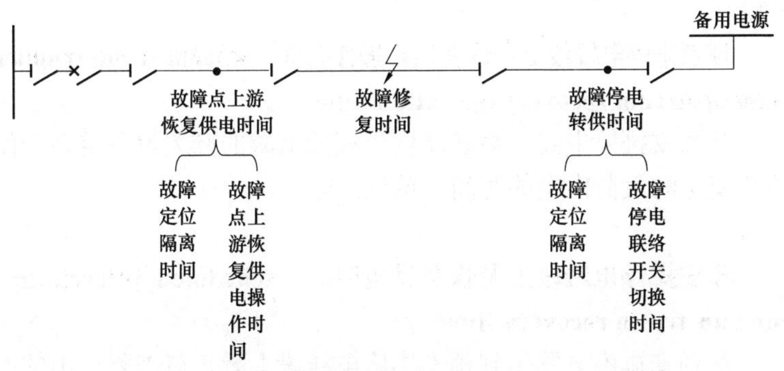

图 3–1　与故障停电相关的各种时间定义之间的关系

3.10

预安排停电隔离时间　scheduled interruption isolation time

从预安排停电发生到预安排停电线段被隔离的时间，单位：h。

【条文解读】“预安排停电线段被隔离”指紧邻预安排停电线

段两侧的开关设备［隔离开关（刀闸）、熔断器］处于分闸状态，合上其他开关设备后，预安排停电线段不会处于带电状态。当预安排停电线段只有一侧有隔离开关或熔断器时，只需此开关设备处于分闸状态。

3.11

预安排停电联络开关切换时间 scheduled interruption switching time of tie switch

从预安排停电线段被隔离到负荷转供完成的时间，单位：h。

3.12

预安排停电转供时间 scheduled interruption transfer time

从预安排停电发生到负荷转供完成的时间，包括预安排停电隔离时间和预安排停电联络开关切换时间，单位：h。

3.13

预安排停电线段上游恢复供电操作时间 scheduled interruption zone upstream recovery operation time

从预安排停电线段被隔离到该线段上游的开关设备重新合闸而恢复上游负荷供电的时间，单位：h。

3.14

预安排停电线段上游恢复供电时间 scheduled interruption zone upstream recovery time

从预安排停电发生到预安排停电线段上游负荷恢复供电的时间，包括预安排停电隔离时间和预安排停电线段上游恢复供电操作时间，单位：h。

【条文解读】与预安排停电相关的各种时间定义之间的关系如图 3–2 所示。在图 3–2 中，预安排停电线段的恢复供电时间为预安排停电持续时间，预安排停电线段上游的恢复供电时间为预安排停电线段上游恢复供电时间，预安排停电线段下游的恢复供电时间为预安排停电转供时间。

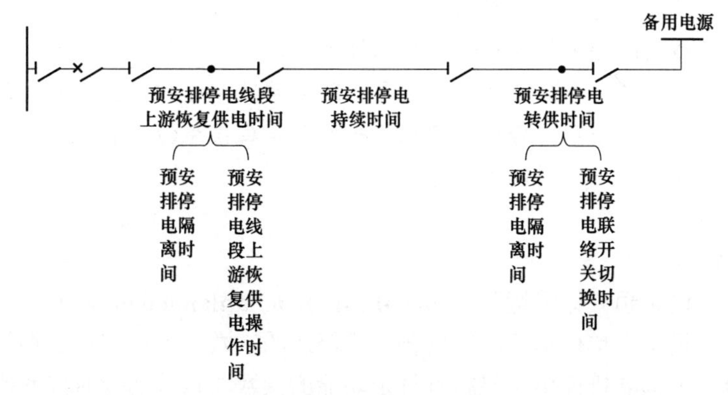

图 3–2 与预安排停电相关的各种时间定义之间的关系

3.15

设施故障停运率（简称设施故障率） rate of component failure

设施在单位运行时间内因故障不能执行规定功能的次数（设施在统计期间内，因故障不能执行规定功能的次数与设施运行时间的比值），单位：次/年。

【条文解读】 设施故障停运率是最基本的可靠性参数之一，其定义与 DL/T 861—2004 中“故障率”的定义相同，仅表述方式不同。

DL/T 836.1—2016 中定义了设施故障停电率，设施故障停电率与设施故障停运率有以下区别和联系：

（1）设施故障停电率一般是基于多个设备的统计样本平均值，设施故障停运率是基于单个设备的统计时间平均值；

（2）设施故障停电率反映设施故障频率，而设施故障停运率不能反映设施故障频率，因为设施运行时间小于设施统计时间；

（3）在一般情况下，设施不可用时间及备用时间远小于设施运行时间，因此，设施故障停电率在换算成单个设施故障频率后与设施故障停运率在数值上非常接近。在工程计算中，常常将单个设施故障频率等同为设施故障停运率。

停运与停电的关系：停运是指配电系统部分失效，而停电是指一个或多个用户停电。停电几乎都是是由设施停运引起的，而设施停运不一定引起用户停电。

3.16

设施预安排停运率　rate of component planned outage

设施在单位运行时间内预安排停运的次数（设施在统计期间内，因预安排停电不能执行规定功能的次数与设施运行时间的比值），单位：次/年。

3.17

系统预安排停电率　rate of system planned interruption

在统计期间内，供电系统每 100km 线路预安排停电次数（不含由上级电网引起的预安排停电），单位：次/（100km・年）。

【条文解读】 该定义是根据 DL/T 836.1—2016 中“系统故障停电率”的定义衍生出来的，主要用于计算线路预安排停运率。由于统一将上级电网的影响等效到变电站 10（6、20）kV 母线进行考虑，所以在计算系统预安排停电率时不计及由上级电网引起的预安排停电。

4　总则

为促进供电可靠性管理由事后统计向事前控制转变，应以可靠性为中心，将可靠性评估融入配电网规划、设计、建设、改造、运行、检修等各生产环节，通过定量分析计算有效指导生产，实现配电网安全、效能和成本整体最优。

在配电网规划设计环节，应通过可靠性评估预测规划电网的供电可靠性水平，优化网架结构，进行方案比选，确定最优规划设计方案。

在配电网建设改造环节，应通过可靠性评估辨识配电网薄弱环节，评估可靠性提升措施的实施效果，优选配电网建设改造项目。

在配电网运行环节，应通过可靠性评估识别系统运行风险，确定最优运行方式，评估风险防御措施的实施效果。

在配电网检修环节，应通过可靠性评估制定对供电可靠性影响最小的检修方案。

【条文解读】 可靠性评估对中压配电网规划设计、建设、改造与运行检修的指导作用主要体现在以下几个方面：

（1）可靠性评估对供电系统规划设计的指导作用。科学合理的配电网规划是确保未来电网安全性、可靠性、经济性的先决条件。长期以来，我国的电力规划工作者在进行配电网规划设计时，大多是按照在满足一定技术原则下使电网投资最小的原则进行；主要依靠技术原则和 N–1 准则来保证可靠性，缺乏定量的分析，难于保证将来投运的供电系统在技术和经济上达到整体最优，系统供电可靠性目标也难以得到保证。通过对供电系统规划设计方案的供电可靠性进行预测分析，并作为方案之间比较的定量依据，则可以有效地指导供电系统规划与设计工作。

（2）可靠性评估对供电系统建设与改造的指导作用。虽然通过可靠性统计分析可以评价供电系统的实际可靠性水平，找出薄弱环节。但若想获知将要采取的提高供电可靠性措施实施后的效果，则需要通过可靠性评估，对比措施实施前后的可靠性提高程度，这样才能为决策提供定量的科学依据。例如，在当前的供电系统基础上对配电线路需要增设几个分段开关，设在何处，什么地方需要增加线路，增加几回，把单电源辐射形网络改造为双电源或手拉手的环形供电网络后的技术经济效果，某地区实施配电网自动化后的技术经济效果等，与电网建设和改造相关的项目都需要通过可靠性评估，以期实施后能达到技术经济上的最佳效果。

（3）可靠性评估对供电系统调度运行的指导作用。随着配电网建设投入不断加大，电网网架结构日益完善，配电网的运行方式更加灵活多样，如何从诸多运行方式中挑选出最优运行方式已成为电网调度运行的基本需求。目前，配电网运行方式的确定一般采用线路潮流估算结合“N–1”事故预想等传统方法，难以实现精确量化和可靠性最优。在制订配电网运行方式过程中引入可靠性评估，可以分析在一定运行环境、负荷水平下供电系统采用哪种运行方式时的供电可靠性最高、用户停电风险最小，为电力运行调度人员在安排运行方式时提供定量的参考依据。

（4）可靠性评估对电网检修工作的指导作用。在传统的配电网检修中或多或少地忽略了一个重要因素，那就是检修停运期间总是会伴随着整个系统运行风险的上升。为了计及该因素，需要通过可靠性评估来确定检修期间设备停运对整个系统供电可靠性的影响。在安排配电设施计划检修时，可以通过可靠性评估来确定最优的检修方案和检修期限，提高计划检修阶段整个供电系统的供电可靠性。此外，还可以通过评估各个待检修设备对配电网供电可靠性的影响，进而确定设备检修的优先级。

5 评估指标体系

5.1 评估指标类别

按评价对象的不同，中压配电网可靠性评估指标可分为负荷点指标和系统指标两大类。其中，负荷点指标用于描述单个负荷点的供电可靠水平，系统指标用于描述整个系统的供电可靠水平，系统可靠性指标一般由负荷点可靠性指标计算得到。

【条文解读】评估指标用于表征中压配电网的供电可靠性特征，如不间断供电能力、停电范围控制能力和供电恢复能力。可靠性评估指标体系与可靠性统计评价指标体系不完全一样。评估指标需要利用一些统计数据（如配电变压器故障率），在对设备和系统状态及故障后果分析的基础上，应用数学方法计算得到。

5.2 负荷点指标

5.2.1 负荷点停电率期望值

某负荷点平均每年的停电次数，记作λ_{LP}，单位为次/年，可按下式计算：

$$负荷点停电率期望值=负荷点故障停电率期望值+负荷点预安排停电率期望值 \quad (1)$$

5.2.2 负荷点故障停电率期望值

某负荷点平均每年的故障停电次数，记作λ_{LP-F}，单位为次/年，可按下式计算：

$$负荷点故障停电率期望值=\sum_{N}设施故障停运率 \quad (2)$$

式中：

N——故障后会造成该负荷点停电的设施的集合。

【条文解读】 该计算式为两种推荐方法（故障模式后果分析法和最小路法）所用的计算公式，对其他方法不一定适用。

5.2.3 负荷点预安排停电率期望值

某负荷点平均每年的预安排停电总次数，记作λ_{LP-S}，单位为次/年，可按下式计算：

$$负荷点预安排停电率期望值=\sum_{M}设施预安排停运率 \quad (3)$$

式中：

M——预安排停运后会造成该负荷点停电的设施的集合。

【条文解读】该计算式为两种推荐方法（故障模式后果分析法和最小路法）所用的计算公式，对其他方法不一定适用。

5.2.4 负荷点停电时间期望值

某负荷点平均每年的停电小时数，记作 u_{LP}，单位为h/年，可按下式计算：

负荷点停电时间期望值=负荷点故障停电时间期望值

+负荷点预安排停电时间期望值 （4）

5.2.5 负荷点故障停电时间期望值

某负荷点平均每年的故障停电小时数，记作 u_{LP-F}，单位为h/年，可按下式计算：

负荷点故障停电时间期望值

$$=\sum_{N}(\text{设施故障停运率}\times\text{故障后负荷点恢复供电时间}) \quad (5)$$

式中，N 为故障后会造成该负荷点停电的设施的集合。根据不同位置设施故障对负荷点的不同影响，故障后负荷点恢复供电时间可能为故障点上游恢复供电时间、故障修复时间或故障停电转供时间。

【条文解读】该计算式为两种推荐方法（故障模式后果分析法和最小路法）所用的计算公式，对其他方法不一定适用。

5.2.6 负荷点预安排停电时间期望值

某负荷点平均每年的预安排停电小时数，记作 u_{LP-S}，单位为h/年，可按下式计算：

负荷点预安排停电时间期望值

$$=\sum_{M}(\text{设施预安排停运率}\times\text{预安排停运后负荷点恢复供电时间}) \quad (6)$$

式中，M 为预安排停运后会造成该负荷点停电的设施的集合。根据不同位置设施预安排停运对负荷点的不同影响，预安排停运后负荷点恢复供电时间可能为预安排停电线段上游恢复供电时间、预安排停电持续时间或预安排停电转供时间。

【条文解读】该计算式为两种推荐方法（故障模式后果分析法和最小路法）用到的计算公式，对其他方法不一定适用。

5.2.7 负荷点供电可靠率期望值

在单位年度内，对某负荷点有效供电总小时数期望值与单位年度总小时数的比值，记作 ASAI–LP，可按下式计算：

$$\text{负荷点供电可靠率期望值} = \frac{\text{负荷点有效供电总小时数期望值}}{\text{单位年度总小时数}} \times 100\% = \frac{\text{单位年度总小时数} - \text{负荷点停电时间期望值}}{\text{单位年度总小时数}} \times 100\% \quad (7)$$

【条文解读】ASAI–LP 为 Load Point Average Service Availability Index 的缩写。

5.2.8 负荷点缺供电量期望值

某负荷点平均每年因停电缺供的总电量，记作 ENS–LP，单位为 kWh/年，可按下式计算：

$$\text{负荷点缺供电量期望值} = \text{负荷点停电时间期望值} \times \text{负荷容量} \quad (8)$$

【条文解读】ENS–LP 为 Energy not Supplied of Load Point 的缩写，当使用负荷曲线时，负荷点缺供电量期望值为在各负荷水平下（负荷曲线上每个点均为一个负荷水平）相应缺供电量期望值的算术平均值。

5.2.9 负荷点等效系统停电小时数期望值

某负荷点平均每年停电的影响折成全系统停电的等效小时数，记作 SIEH–LP，单位为 h/年，可按下式计算：

$$负荷点等效系统停电小时数期望值=\frac{负荷点缺供电量期望值}{系统供电总容量} \quad (9)$$

【条文解读】 SIEH–LP 为 Load Point Equivalent Interruption Hours of System 的缩写，该指标是由 DL/T 836.1—2016 中的“平均系统等效停电时间”衍生出来的，从另一角度反映了停电规模。

5.3 系统指标

5.3.1 系统平均停电频率期望值

供电系统用户在单位年度内的平均停电次数，记作 SAIFI，单位为次/（户·年），可按下式计算：

$$系统平均停电频率期望值=\frac{\sum 用户年停电频率期望值}{系统总用户数}=\frac{\sum(负荷点停电率期望值\times 用户数)}{系统总用户数} \quad (10)$$

【条文解读】 SAIFI 为 System Average Interruption Frequency Index 的缩写，该指标与 DL/T 836.1—2016 中的系统平均停电次数（SAIFI–1）指标有类似之处，但单位量纲不同。当 SAIFI–1 的统计期间为 1 年时，SAIFI 与 SAIFI–1 具有可比性，SAIFI–1 为 SAIFI 的样本，SAIFI–1 的期望值为 SAIFI。

5.3.2 系统平均故障停电频率期望值

供电系统用户在单位年度内的平均故障停电次数，记作 SAIFI–F，单位为次/（户·年），可按下式计算：

$$\text{系统平均故障停电频率期望值}=\frac{\sum\text{用户年故障停电频率期望值}}{\text{系统总用户数}}=\frac{\sum(\text{负荷点故障停电率期望值}\times\text{用户数})}{\text{系统总用户数}} \tag{11}$$

5.3.3 系统平均预安排停电频率期望值

供电系统用户在单位年度内的平均预安排停电次数，记作SAIFI–S，单位为次/（户·年），可按下式计算：

$$\text{系统平均预安排停电频率期望值}=\frac{\sum\text{用户年预安排停电频率期望值}}{\text{系统总用户数}}=\frac{\sum(\text{负荷点预安排停电率期望值}\times\text{用户数})}{\text{系统总用户数}} \tag{12}$$

5.3.4 系统平均停电时间期望值

供电系统用户在单位年度内的平均停电小时数，记作SAIDI，单位为h/（户·年），可按下式计算：

$$\text{系统平均停电时间期望值}=\frac{\sum\text{用户年停电时间期望值}}{\text{系统总用户数}}=\frac{\sum(\text{负荷点停电时间期望值}\times\text{用户数})}{\text{系统总用户数}} \tag{13}$$

【条文解读】SAIFI–F为System Average Failure Interruption Frequency Index的缩写，SAIFI–S为System Average Scheduled Interruption Frequency Index的缩写，SAIDI为System Average Interruption Duration Index的缩写，该指标与DL/T 836.1—2016中的系统平均停电时间（SAIDI–1）指标有类似之处，但单位量纲不同。当SAIDI–1的统计期间为1年时，SAIDI与SAIDI–1具有可比性，SAIDI–1为SAIDI的样本，SAIDI–1的期望值为SAIDI。

5.3.5 系统平均故障停电时间期望值

供电系统用户在单位年度内的平均故障停电小时数，记作SAIDI−F，单位为h/（户·年），可按下式计算：

$$\text{系统平均故障停电时间}=\frac{\sum\text{用户年故障停电时间期望值}}{\text{系统总用户数}}=\frac{\sum(\text{负荷点故障停电时间期望值}\times\text{用户数})}{\text{系统总用户数}} \tag{14}$$

5.3.6 系统平均预安排停电时间期望值

供电系统用户在单位年度内的平均预安排停电小时数，记作SAIDI−S，单位为h/（户·年），可按下式计算：

$$\text{系统平均预安排停电时间期望值}=\frac{\sum\text{用户年预安排停电时间期望值}}{\text{系统总用户数}}=\frac{\sum(\text{负荷点预安排停电时间期望值}\times\text{用户数})}{\text{系统总用户数}} \tag{15}$$

5.3.7 系统平均供电可靠率期望值

在单位年度内，对用户有效供电总小时数期望值与单位年度总小时数的比值，记作ASAI，可按下式计算：

$$\text{系统平均供电可靠率期望值}=\left(1-\frac{\text{系统平均停电时间期望值}}{\text{单位年度总小时数}}\right)\times 100\% \tag{16}$$

【条文解读】 SAIDI−F 为 System Average Failure Interruption Duration Index 的缩写，SAIDI−S 为 System Average Scheduled Interruption Duration Index 的缩写，该指标与 DL/T 836.1—2016 中的供电可靠率（ASAI−1）指标有类似之处，但时间区间可能不同。当 ASAI−1 的统计期间为 1 年时，ASAI 与 ASAI−1 具有可比

性，ASAI–1 为 ASAI 的样本，ASAI–1 的期望值为 ASAI。

5.3.8 系统缺供电量期望值

供电系统在单位年度内因停电缺供的总电量，记作 ENS，单位为 kWh/年，可按下式计算：

$$\begin{aligned}\text{系统缺供电量期望值} &= \sum \text{用户缺供电量期望值} \\ &= \sum \text{负荷点缺供电量期望值}\end{aligned} \quad (17)$$

5.3.9 系统平均缺供电量期望值

供电系统用户在单位年度内因停电缺供的平均电量，记作 AENS，单位为 kWh/（户·年），可按下式计算：

$$\text{系统平均缺供电量期望值}=\frac{\text{系统缺供电量期望值}}{\text{系统总用户数}} \quad (18)$$

【条文解读】 AENS 为 Average Energy not Supplied due to interruption 的缩写，该指标与 DL/T 836.1—2016 中的用户平均停电缺供电量指标有类似之处，但单位量纲不同。当用户平均停电缺供电量的统计期间为 1 年时，两者具有可比性，用户平均停电缺供电量为系统平均缺供电量期望值的样本，用户平均停电缺供电量的期望值为系统平均缺供电量期望值。

按照评估对象的不同，可靠性评估指标可分为负荷点指标和系统指标；按照停电时间的长短，可分为持续停电指标和瞬时停电指标；按照评估内容的不同，可分为停电频率时间类指标、停电负荷电量类指标、停电经济类指标。

负荷点指标和系统指标分别从微观和宏观层面刻画配电网的供电可靠性特征，因而在评估指标体系中均应有所体现；瞬时停电指标主要用于统计评价，不用于预测评估；停电频率时间类指标描述了停电的基本特性，应用最为广泛；停电负荷电量类指标反映了停电的规模；停电经济类指标反映了由停电造成的用户或电力公司的经济损失，其属于外延性指标，可在技术经济分析环节进行计算。另外，在计算系统指标时，国内外主要按用户计算平均值，而较少按容量计算平均值。

综上所述，可靠性评估指标体系应由负荷点指标集和系统指标集构成。各指标集均应由反映停电频率、停电时间和停电规模的指标构成。另外，还应增加最常用的供电可靠率指标。

6 模型与参数

6.1 配电网模型

6.1.1 网络模型

网络模型是根据配电网中各类设施对供电可靠性的影响程度，对实际配电网中设施进行归并或忽略，以简化网络结构，使之适于供电可靠性评估计算。

网络模型包含变电站 10（6、20）kV 母线、架空线路、电缆线路、配电变压器、断路器、负荷开关、隔离开关和熔断器等设施模型及其连接关系。

【条文解读】根据《电力可靠性管理代码》，供电系统用户供电可靠性停电配电设备分为架空线路、电缆线路、柱上设备、户外配电变压器台、箱式配电站、土建配电站、开关站（环网柜）、用户设备及设备不明 9 大类，每个大类又细分为若干小类（供电系统用户供电可靠性停电设备编码详见图 6–1）。结合《电力可靠性管理培训教材　操作篇　供电系统用户供电可靠性工作指南》中的“配电设备对设备故障停运率指标的影响关系表”（详见表 6–1），可建立每类设备及配电网的模型：

（1）架空线路导线本体及其附属设备（杆塔、拉线、横担、基础、金具、绝缘子）故障均影响架空线路故障停电率计算，因此，将架空线路导线本体及其附属设备归并到架空线路模型中。

（2）电缆线路本体及其附属设备（电缆终端、电缆中间接头、电缆分支箱、电缆计量箱、电缆沟、电缆隧道）故障均影响电缆线路故障停电率计算，因此，将电缆线路导线本体及其附属设备归并到电缆线路模型中。

（3）柱上设备中的避雷器、防鸟装置、高压电容器、高压计量箱、电压互感器不属主要电气连接设备，且对网络主体拓扑结构无影响，因此忽略。柱上断路器、柱上负荷开关、高压熔断器、柱上隔离开关四类设备串联于网络中，且直接影响网络拓扑结构和停电情况，因此在网络模型中予以保留。

（4）户外配电变压器台中的变压器台架、高压引线、低压配电设施、避雷器故障不影响变压器故障停电率的计算，因此忽略，只保留变压器模型。

（5）箱式配电站保留其中的断路器、负荷开关、熔断器和变压器模型，忽略站内公用设备、箱（墙）体、基础和变压器低压配电设施。

（6）土建配电站保留其中的断路器、负荷开关、熔断器、隔离开关和变压器模型，忽略站内公用设备、箱（墙）体、基础和变压器低压配电设施。

（7）开关站保留其中的断路器、负荷开关、熔断器、隔离开关模型，忽略（柜）内公用设备、箱（墙）体、基础；环网柜类似处理。

（8）不明设备。

由于断路器、负荷开关、隔离开关和熔断器四类开关设备对故障及预安排停电过程的影响不同，因此，必须分别建立断路器、负荷开关、隔离开关和熔断器的模型。此外，为了反映上级电网对中压配电网供电可靠性的影响，需要在模型中添加变电站 10（6、20）kV 母线模型。

综述所述，配电网模型中一般包括变电站 10（6、20）kV 母线、架空线路、电缆线路、配电变压器、断路器、负荷开关、隔离开关和熔断器等设施模型及其连接关系。

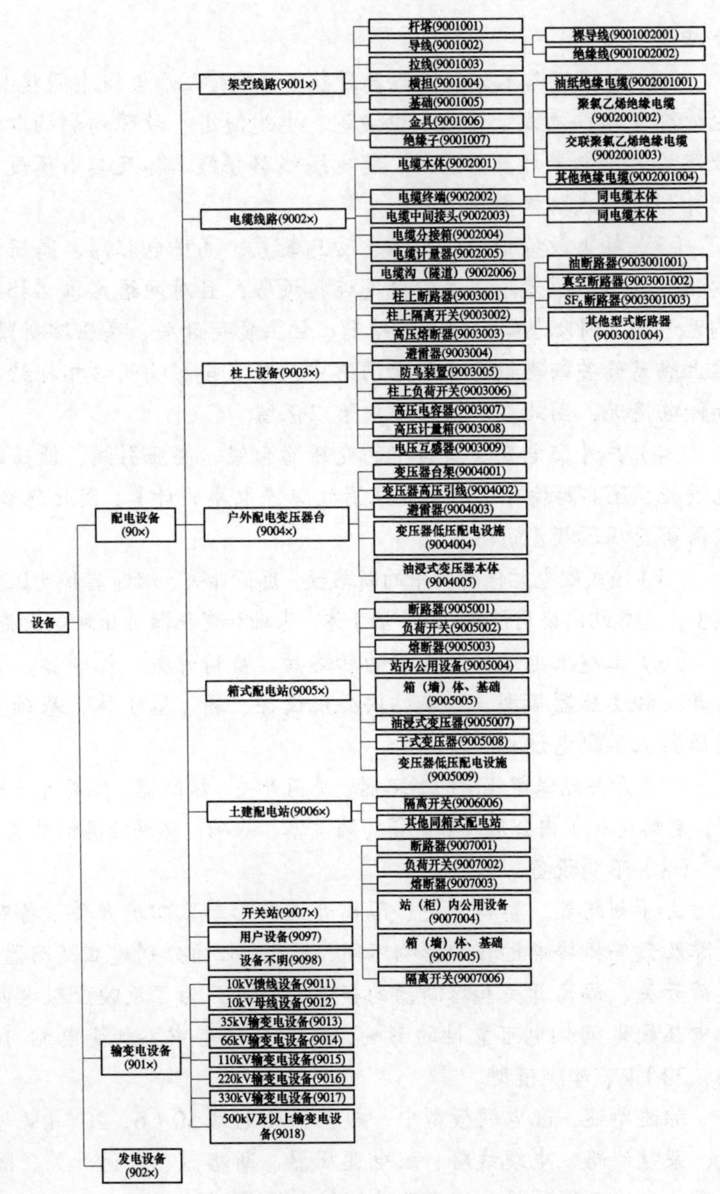

图 6–1　供电系统用户供电可靠性停电设备编码

表 6–1　配电设备对设备故障停运率指标的影响关系表

设备编码	设备名称	设备全称	影响的故障停运率指标
90	配电设备	配电设备	
9001	架空线路	配电设备　架空线路	架空线路故障停运率
9001001	杆塔	配电设备　架空线路　杆塔	架空线路故障停运率
9001002	导线	配电设备　架空线路　导线	架空线路故障停运率
9001002001	裸导线	配电设备　架空线路　导线　裸导线	架空线路故障停运率
9001002002	绝缘线	配电设备　架空线路　导线　绝缘线	架空线路故障停运率
9001003	拉线	配电设备　架空线路　拉线	架空线路故障停运率
9001004	横担	配电设备　架空线路　横担	架空线路故障停运率
9001005	基础	配电设备　架空线路　基础	架空线路故障停运率
9001006	金具	配电设备　架空线路　金具	架空线路故障停运率
9001007	绝缘子	配电设备　架空线路　绝缘子	架空线路故障停运率
9002	电缆线路	配电设备　电缆线路	电缆线路故障停运率
9002001	电缆本体	配电设备　电缆线路　电缆本体	电缆线路故障停运率
9002001001	油纸绝缘电缆	配电设备　电缆线路　电缆本体　油纸绝缘电缆	电缆线路故障停运率
9002001002	聚氯乙烯绝缘电缆	配电设备　电缆线路　电缆本体　聚氯乙烯绝缘电缆	电缆线路故障停运率
9002001003	交联聚氯乙烯绝缘电缆	配电设备　电缆线路　电缆本体　交联聚氯乙烯绝缘电缆	电缆线路故障停运率
9002001004	其他绝缘电缆	配电设备　电缆线路　电缆本体　其他绝缘电缆	电缆线路故障停运率
9002002	电缆终端	配电设备　电缆线路　电缆终端	电缆线路故障停运率
9002002001	油纸绝缘电缆终端	配电设备　电缆线路　电缆终端　油纸绝缘电缆终端	电缆线路故障停运率

续表

设备编码	设备名称	设备全称	影响的故障停运率指标
9002002002	聚氯乙烯绝缘电缆终端	配电设备　电缆线路　电缆终端　聚氯乙烯绝缘电缆终端	电缆线路故障停运率
9002002003	交联聚氯乙烯绝缘电缆终端	配电设备　电缆线路　电缆终端　交联聚氯乙烯绝缘电缆终端	电缆线路故障停运率
9002002004	其他绝缘电缆终端	配电设备　电缆线路　电缆终端　其他绝缘电缆终端	电缆线路故障停运率
9002003	电缆中间接头	配电设备　电缆线路　电缆中间接头	电缆线路故障停运率
9002003001	油纸绝缘电缆中间接头	配电设备　电缆线路　电缆中间接头　油纸绝缘电缆中间接头	电缆线路故障停运率
9002003002	聚氯乙烯绝缘电缆中间接头	配电设备　电缆线路　电缆中间接头　聚氯乙烯绝缘电缆中间接头	电缆线路故障停运率
9002003003	交联聚氯乙烯绝缘电缆中间接头	配电设备　电缆线路　电缆中间接头　交联聚氯乙烯绝缘电缆中间接头	电缆线路故障停运率
9002003004	其他绝缘电缆中间接头	配电设备　电缆线路　电缆中间接头　其他绝缘电缆中间接头	电缆线路故障停运率
9002004	电缆分接箱	配电设备　电缆线路　电缆分接箱	电缆线路故障停运率
9002005	电缆计量箱	配电设备　电缆线路　电缆计量箱	电缆线路故障停运率
9002006	电缆沟（隧道）	配电设备　电缆线路　电缆沟（隧道）	电缆线路故障停运率
9003	柱上设备	配电设备　柱上设备	其他开关故障停运率
9003001	柱上断路器	配电设备　柱上设备　柱上断路器	其他开关故障停运率
9003001001	油断路器	配电设备　柱上设备　柱上断路器　油断路器	其他开关故障停运率

续表

设备编码	设备名称	设备全称	影响的故障停运率指标
9003001002	真空断路器	配电设备　柱上设备　柱上断路器　真空断路器	其他开关故障停运率
9003001003	SF_6断路器	配电设备　柱上设备　柱上断路器　SF_6断路器	其他开关故障停运率
9003001004	其他型式断路器	配电设备　柱上设备　柱上断路器　其他型式断路器	其他开关故障停运率
9003002	柱上负荷开关	配电设备　柱上设备　柱上负荷开关	其他开关故障停运率
9003003	高压熔断器	配电设备　柱上设备　高压熔断器	
9003004	避雷器	配电设备　柱上设备　避雷器	
9003005	防鸟装置	配电设备　柱上设备　防鸟装置	
9003006	柱上隔离开关	配电设备　柱上设备　柱上隔离开关	
9003007	高压电容器	配电设备　柱上设备　高压电容器	
9003008	高压计量箱	配电设备　柱上设备　高压计量箱	
9003009	电压互感器	配电设备　柱上设备　电压互感器	
9004	户外配电变压器台	配电设备　户外配电变压器台	变压器故障停运率
9004001	变压器台架	配电设备　户外配电变压器台　变压器台架	
9004002	变压器高压引线	配电设备　户外配电变压器台　变压器高压引线	
9004003	变压器低压配电设施	配电设备　户外配电变压器台　变压器低压配电设施	
9004004	避雷器	配电设备　户外配电变压器台　避雷器	

续表

设备编码	设备名称	设备全称	影响的故障停运率指标
9004007	油浸式变压器	配电设备　户外配电变压器台　油浸式变压器	变压器故障停运率
9005	箱式配电站	配电设备　箱式配电站	
9005001	断路器	配电设备　箱式配电站　断路器	其他开关故障停运率
9005002	负荷开关	配电设备　箱式配电站　负荷开关	其他开关故障停运率
9005003	熔断器	配电设备　箱式配电站　熔断器	
9005004	站内公用设备	配电设备　箱式配电站　站内公用设备	
9005005	箱（墙）体、基础	配电设备　箱式配电站　箱（墙）体、基础	
9005007	油浸式变压器	配电设备　箱式配电站　油浸式变压器	变压器故障停运率
9005008	干式变压器	配电设备　箱式配电站　干式变压器	变压器故障停运率
9005009	变压器低压配电设施	配电设备　箱式配电站　变压器低压配电设施	
9006	土建配电站	配电设备　土建配电站	
9006001	断路器	配电设备　土建配电站　断路器	其他开关故障停运率
9006002	负荷开关	配电设备　土建配电站　负荷开关	其他开关故障停运率
9006003	熔断器	配电设备　土建配电站　熔断器	
9006004	站内公用设备	配电设备　土建配电站　站内公用设备	
9006005	箱（墙）体、基础	配电设备　土建配电站　箱（墙）体、基础	
9006006	隔离开关	配电设备　土建配电站　隔离开关	

续表

设备编码	设备名称	设备全称	影响的故障停运率指标
9006007	油浸式变压器	配电设备　土建配电站　油浸式变压器	变压器故障停运率
9006008	干式变压器	配电设备　土建配电站　干式变压器	变压器故障停运率
9006009	变压器低压配电设施	配电设备　土建配电站　变压器低压配电设施	
9007	开关站	配电设备　开关站	
9007001	断路器	配电设备　开关站　断路器	其他开关故障停运率
9007002	负荷开关	配电设备　开关站　负荷开关	其他开关故障停运率
9007003	熔断器	配电设备　开关站　熔断器	
9007004	站（柜）内公用设备	配电设备　开关站　站（柜）内公用设备	
9007005	箱（墙）体、基础	配电设备　开关站　箱（墙）体、基础	
9007006	隔离开关	配电设备　开关站　隔离开关	
9097	用户设备	配电设备　用户设备	
9098	设备不明	配电设备　设备不明	
9099	其他	配电设备　其他	
91	输变电设备	输变电设备	
9101	10kV 馈线设备	输变电设备　10kV 馈线设备	
9102	10kV 母线设备	输变电设备　10kV 母线设备	
9103	35kV 输变电设备	输变电设备　35kV 输变电设备	
9104	66kV 输变电设备	输变电设备　66kV 输变电设备	
9105	110kV 输变电设备	输变电设备　110kV 输变电设备	
9106	220kV 输变电设备	输变电设备　220kV 输变电设备	

续表

设备编码	设备名称	设备全称	影响的故障停运率指标
9107	330kV 输变电设备	输变电设备 330kV 输变电设备	
9108	500kV 及以上输变电设备	输变电设备 500kV 及以上输变电设备	
92	发电设备	发电设备	
93	其他	其他	

注 设备编码第一层级为 90、91、92、93；90 的下属层级（即第二层级）分为 9001～9007；9001 的下属层级（即第三层级）分为 9001001、9001002；以此类推。

6.1.2 网络简化原则

配电网网络简化原则如下：

a） 网络模型中的架空线路、电缆线路等设施模型均包括设施本体及其附属设施。

b） 线段中的多个设施可用串联网络法进行等效，简化方法见附录 A。

6.2 设施停运模型

6.2.1 两状态模型

两状态模型（见图 1）主要考虑设施的运行状态和故障停运状态，通过稳态“运行—故障停运”的状态转移图进行模拟。

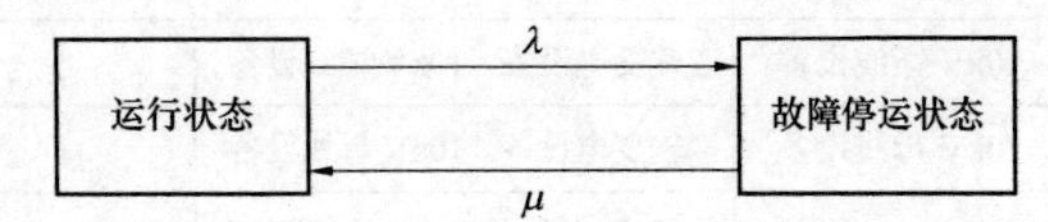

图中：

λ——设施故障停运率，次/年；

μ——设施故障停运的修复率，即设施平均故障修复时间的倒数，次/年。

图 1 两状态模型

6.2.2 三状态模型

三状态模型（见图 2）主要考虑设施的运行状态、故障停运状态和预安排停运状态，通过稳态“运行—故障停运—预安排停运”的状态转移图进行模拟，并假设故障停运和预安排停运不互斥。

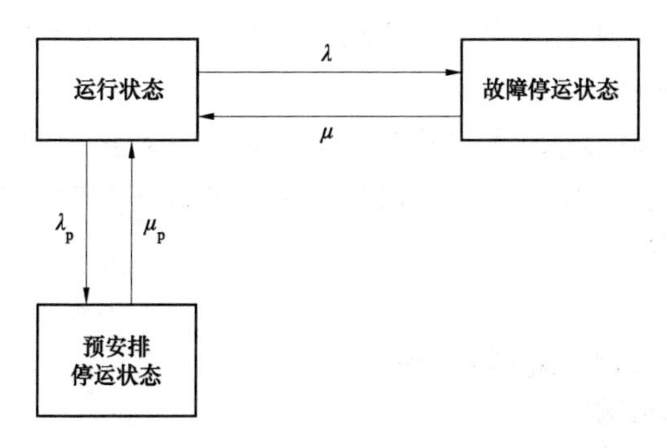

图中：

λ_p——设施预安排停运率，次/年；

μ_p——设施预安排停运的修复率，即设施平均预安排停运持续时间的倒数，次/年。

图 2　三状态模型

【条文解读】 设施停运模型是指配电网模型中的各种设施在不同状态之间的转移模型。设施停运模型是中压配电网可靠性评估的关键模型，不同的停运模型对评估结果的影响较大。设施停运模型主要分为独立停运模型和相关停运模型。

独立停运可进一步分为强迫停运（即故障停运）和预安排停运，其中，强迫停运一般分为可修复停运和不可修复停运，配电系统中发生的大部分停运是可修复的；预安排停运是人为安排的停运，而不是由失效引起。相关停运根据停运原因可分为共因停运、设施组停运、连锁停运及环境相依失效等，它们的共同特点是一个停运状态包含有多个设施的失效，如雷击导致同塔双回架空线路失效。所有的相关停运往往都与独立停运有关，独立停运是相关停运的基础。考虑到中压配电网可靠性评估的计算复杂性，以及可靠性参数的获取难度问题，通常在可靠性评估中采用两状态模型或三状态模型，而不采用相关停运模型。

由于预安排停电受电网投资和人为因素影响很大，根据评估目的不同，在进行可靠性评估时也可以不计入预安排停电，而采用两状态模型。

另外，由于同时发生两个及以上独立停运事件（即二阶及以上停运事件）的概率极小，因此，在可靠性评估中常常只考虑一阶停运事件。

6.3 可靠性评估需要的参数

6.3.1 基础参数

配电网可靠性评估中需要的基础参数如下：

a） 拓扑结构，包括：变电站 10（6、20）kV 母线、架空线路、电缆线路、配电变压器、断路器、负荷开关、隔离开关和熔断器等设施模型之间的拓扑连接关系，主要通过网络模型体现。

b） 配电线路基础参数，包括：线路类型、长度、型号、单位长度的电阻、电抗、电纳以及载流量。其中，线路类型分为架空绝缘线、架空裸导线、电缆三类。

c） 配电变压器基础参数，包括：变压器型号、额定容量、空载损耗、负载损耗、阻抗电压、空载电流。

d） 负荷点数据，包括：负荷容量、用户数、重要级别。当无法提供实际负荷容量时，宜提供装机容量，并按照装机容量大小进行负荷容量分配；对于规划电网，应根据负荷点预测容量和配电变压器平均容量估算用户数。

【条文解读】 基础参数的主体是潮流计算需要的参数。

（1）拓扑结构可以从地理信息系统（Geographic Information System，GIS）或配电网一次接线图获取。

（2）配电线路、配电变压器基础参数可以从相关业务管理信息系统，如：设备（资产）运维精益管理系统（Power production Management System，PMS）、营销业务应用系统等获取。根据线路型号可得到线路的单位长度电阻、电抗、电纳以及载流量等参数。根据配电变压器型号，可得到配电变压器额定容量、空载损耗、负载损耗、阻抗电压、空载电流等参数。

（3）为了计算负荷电量类指标，且计及负荷转供时的容量约束，需提供负荷容量数据。负荷容量数据可以从相关信息系统，如：用电信息采集系统、调度数据采集与监测控制系统（Superivisory Control and Data Acquisition，SCADA）等获取。

用户数一般按照配变台数进行统计。对于规划电网中的负荷点（集中负荷），可根据负荷点预测容量和配电变压器平均容量估算用户数。

重要级别用于重要用户的供电可靠性分析，可按照以下原则进行重要用户级别划分：

1）特级重要用户：在管理国家事务中具有特别作用，中断供电将可能危害国家安全的电力用户。

2）一级重要用户：中断供电将可能产生下列后果之一的：直接引发人身伤亡的；造成严重环境污染的；发生中毒、爆炸或火灾的；造成重大政治影响的；造成重大经济损失的；造成较大范围社会公共秩序严重混乱的。

3）二级重要用户：中断供电将可能产生下列后果之一的：造成较大环境污染的；造成较大政治影响的；造成较大经济损失的；造成一定范围社会公共秩序严重混乱的。

4）临时性重要电力用户：需要临时特殊供电保障的电力用户。

6.3.2 可靠性参数

配电网可靠性评估中需要的可靠性参数如下：

a） 故障停电相关参数如下：

1） 变电站 10（6、20）kV 母线：（等效）故障停运率、（等效）平均故障修复时间。

2） 架空线路、电缆线路：故障停运率、平均故障修复时间。

3） 隔离开关（刀闸）：故障停运率、平均故障修复时间、平均故障定位隔离时间。

4） 断路器、熔断器：故障停运率、平均故障修复时间、平均故障点上游恢复供电操作时间。

5） 负荷开关、配电变压器：故障停运率、平均故障修复时间。

6） 联络开关：平均故障停电联络开关切换时间。

b） 预安排停电相关参数如下：

1） 变电站 10（6、20）kV 母线：（等效）预安排停运率、（等效）平均预安排停运持续时间。

2） 架空线路、电缆线路：预安排停运率、平均预安排停运持续时间。

3） 隔离开关（刀闸）：平均预安排停电隔离时间。

4） 断路器、负荷开关、熔断器：平均预安排停电线段上游恢复供电操作时间。

5） 联络开关：平均预安排停电联络开关切换时间。

c） 部分可靠性参数计算方法见附录 B。

【条文解读】

（1）在故障停电时，负荷点停电时间可分为四类，见表 6–2。其中，B 类和 C 类负荷点的恢复供电并不需要等到故障被修复。因此，可靠性评估指标计算还需要平均故障定位隔离时间、平均故障停电联络开关切换时间等作为计算参数。

表 6–2　故障时负荷点停电时间分类

负荷点停电时间类别	停电时间
A 类	0
B 类	故障点上游恢复供电时间
C 类	故障停电转供时间
D 类	故障修复时间

与故障停电类似，预安排停电时负荷点停电时间也可分为四类，见表 6–3。因此，可靠性评估指标计算还需要平均预安排停电隔离时间、平均预安排停电联络开关切换时间等作为计算参数。

表 6–3　预安排停电时负荷点停电时间分类

负荷点停电时间类别	停电时间
A 类	0
B 类	预安排停电线段上游恢复供电时间
C 类	预安排停电转供时间
D 类	预安排停电持续时间

（2）变电站 10（6、20）kV 母线（等效）故障停运率除应计及变电站 10（6、20）kV 母线本身故障外，还应计及由于上级电网（含变电站）故障造成的变电站 10（6、20）kV 母线失电。变电站 10（6、20）kV 母线的其他等效可靠性参数类似。

（3）由于开关设备（断路器、负荷开关、隔离开关、熔断器）极少误动，因此，可忽略误动。由于不考虑二阶事件，因此，可忽略开关设备故障事件中的拒动和操动机构不灵。综上所述，对于开关设备，只需考虑其自发性故障（不含误动），开关设备故障后将导致相邻的两个线段同时停运。

对于不带保护的断路器，由于其不能断开故障电流，功能与负荷开关相同，在模型中应视为负荷开关。

联络开关一般处于常开状态，在转供负荷时才进行操作。由于不考虑二阶事件，因此，可认为联络开关完全可靠，无故障停运率等停运模型中的参数。

当配电变压器故障时，其高压侧熔断器即刻熔断从而隔离故障，其故障隔离时间可忽略不计，因此，不考虑将“平均故障定位隔离时间”作为熔断器的可靠性参数。同理，当带负荷拉开分支线首端的熔断器，进而对分支线进行检修时，隔离时间可忽略不计，因此，不考虑将“平均预安排停电隔离时间”作为熔断器的可靠性参数。在规定容量下，熔断器可带负荷合闸，因此，熔断器的可靠性参数应包含“平均故障点上游恢复供电操作时间”。

在一般情况下，紧邻断路器或负荷开关的两侧会配置 1～2 台隔离开关，主要起断开点作用。在实际的中压配网中，这类隔离开关数量众多，远远超过断路器、负荷开关、配电变压器和独立安装的隔离开关的数量以及线段数。为简化计算起见，在可靠性评估计算时常常不考虑这类隔离开关故障。

（4）由于大量的工程停电与设备状态无关，而检修停电通常会对多个设备进行处理，故不宜给出每类设备的预安排停运率。同时，预安排停电通常以一个线段为界，因此，只简单地考虑线段预安排停运。

（5）可靠性参数主要来源于用户供电可靠性管理信息系统、配电网调度系统和年度生产计划。从用户供电可靠性管理信息系统可以获取配电变压器平均故障修复时间、配电变压器故障率和平均预安排停运持续时间；从配电网调度系统可以通过抽样得到其他各类设施平均故障修复时间、平均故障定位隔离时间、平均故障点上游恢复供电操作时间、平均故障停电联络开关切换时间、平均预安排停电隔离时间、平均预安排停电线段上游恢复供电操作时间、平均预安排停电联络开关切换时间；从配电网调度系统可以通过统计得到其他各类设施故障率；根据年度生产计划测算得到单位长度线路预安排停运率。

6.3.3 参数有关要求及说明

对于规划电网，同类设施的可靠性参数应统一取值；对于现状电网，具备条件时应以单个设施为对象进行长期数据统计，并以此为依据计算设施可靠性参数。当在统计期间内单个设施无数据或数据量太少时，应基于情况类似的多个设施进行数据统计，即分类统计。分类统计的一般原则如下：

a） 故障停运率宜基于设施型号、运行年限、运行条件、运行环境、状态评价（监测）结果、气候状况等进行分类统计。

b） 平均故障定位隔离时间应根据线路类型、配电自动化实施情况等进行分类统计。

c） 平均故障修复时间应根据线路类型、配电自动化实施情况、设施类型等进行分类统计。

d） 平均故障段上游恢复供电操作时间、平均故障停电联络开关切换时间、平均预安排停电线段上游恢复供电操作时间、平均预安排停电联络开关切换时间应根据开关的自动化（智能化）实现情况分类统计。

e） 预安排停运率应在历史统计数据的基础上，综合考虑电网建设投资额或具体停电计划进行测算。

【条文解读】 有两个“平均”的概念：一个是样本数据的平均；另一个是时间区间内的平均。计算现状电网中某个单一设施的故障停运率，只能采用时间区间内平均的方法，基于多个设施的分类统计属于样本数据的平均。

可靠性参数收集统计的一般原则如下：

（1）地域范围要求。对于现状电网，可靠性参数收集统计的地域范围一般为评估区域，当评估区域太小或历史停电事件太少时，为保证可靠性参数的代表性和准确性，可采用条件相似区域的可靠性参数；当评估区域太大时，可分子区域进行统计；对于规划电网，如新开发区，由于评估区域内无历史数据，可采用条件相似区域的可靠性参数。

（2）时间范围要求。可靠性参数的统计时间范围一般为1～5年；时间类参数宜采用近1～3年的统计值；故障停运率宜采用近1～5年的统计值，当统计的地域范围较大时，时间统计范围可取较小值；预安排停运率一般依据评估年当年的生产计划或电网建设改造投资资金进行测算。

（3）数据抽样要求。对于无法从现有信息系统直接获取或经简单换算即可得到的时间类参数，如故障定位隔离时间，应采用在数据抽样方式（计算抽样样本的算术平均值）获取参数。为保证参数能尽可能准确地反映实际情况，抽样时应随机抽样，但同时有广泛的覆盖面（包括不同时间点、地域等），在条件允许的范围内，应尽量多地抽取样本。

（4）数据筛选要求。对于异常数据（如某年极端气候造成的线路故障率异常偏高），应尽可能在统计可靠性参数时予以剔除。

7 评估流程及方法

7.1 可靠性评估的流程

可靠性评估应包括以下流程：

a） 确定评估对象；

b） 基础资料收集及预处理；

c） 建立配电网模型和设施停运模型；

d） 参数估计及校验；

e） 选择可靠性评估方法；

f） 可靠性指标计算；

g） 薄弱环节辨识及参数灵敏度分析；

h） 提出改善措施并进行实施效果分析；

i） 编制可靠性评估报告。

【条文解读】

（1）根据上级计划安排或规划设计、建设改造、调度运行和检修维护等环节的实际工作需要，确定评估对象：在规划设计环节，评估对象一般为规划区域现状中压配电网和规划中压配电网；在建设改造环节，评估对象一般为改造所属区域中压配电网；在调度运行环节，评估对象一般为关注区域的现状中压配电网及其可能的运行方式；在检修维护环节，评估对象一般为检修工作直接相关的中压配电网及其可能的检修方式。

（2）各类参数是可靠性评估的基础。不完备的参数将导致无法开展配电网可靠性评估工作，而参数的准确性将直接影响评估结果的准确性。因此，参数收集及处理工作是一项基础而重要的工作。在参数收集、处理过程中，必须确保参数的完整性和准确性。

（3）参数估计主要包括点估计和区间估计。点估计由于应用简单而最为常用；区间估计主要应用于参数灵敏度分析中，用于分析数据的不确定性对评估指标的影响。

由于各个可靠性参数之间存在一定的关系或满足某些一般性规律，因此，还需要对计算得到的可靠性参数进行校验，按以下原则进行：

1）设备故障率、修复时间类参数。

a. 故障率：在其他条件相同的情况下，对于市中心区、市区、城镇及农村 4 类区域，同类设备的故障率依次递增；电缆线路、绝缘线、裸导线的故障率依次递增。

b. 平均故障修复时间：在其他条件相同的情况下，同类设备的平均故障修复时间实现自动化的小于未实现自动化的；对于市中心区、市区、城镇及农村 4 类区域，同类设备的平均故障修复时间依次递增；电缆线路的平均故障修复时间显著大于架空线的平均故障修复时间，绝缘线的平均故障修复时间不小于裸导线的平均故障修复时间。

c. 平均预安排停运持续时间：在其他条件相同的情况下，线路平均预安排停运持续时间实现自动化的小于未实现自动化；对于市中心区、市区、城镇及农村 4 类区域，线路预安排停运持续时间依次递增。

2）定位隔离时间、开关操作时间类参数。

a. 平均故障定位隔离时间、平均故障点上游恢复供电操作时间、平均故障停电联络开关切换时间：在其他条件相同的情况下，实现自动化的小于未实现自动化的；对于市中心区、市区、城镇及农村 4 类区域，时间依次递增。

b. 平均预安排停电隔离时间、平均预安排停电线段上游恢复供电操作时间及平均预安排停电联络开关切换时间：在其他条件相同的情况下，实现自动化的小于未实现自动化的；对于市中心区、市区、城镇及农村 4 类区域，时间依次递增。

3）其他。平均故障定位隔离时间与某类设备故障抢修作业平均时间、平均故障停电联络开关切换时间之和应与该类设施的平均故障修复时间在数值上大致相等。某类设备故障抢修作业平均时间应大于平均故障点上游恢复供电操作时间和平均故障停电联络开关切换时间。

平均预安排停电隔离时间与预安排停电作业时间、平均预安排停电联络开关切换时间之和应与平均预安排停运持续时间在数值上大致相等。预安排停电作业时间应大于平均预安排停电线段上游恢复供电操作时间和平均预安排停电联络开关切换时间。

一种可行的可靠性参数综合校验方法为基于参数估计结果计算过去的可靠性指标，即预测过去，并与实际统计得到的可靠性指标进行对比，根据对比结果进行参数调整并重新计算，直至计算结果与历史数据匹配为止。参数校验的过程还可参考其他可靠的数据信息，如行业标准、正式出版物以及设备制造商提供的可靠性参数。

4）薄弱环节辨识可识别制约供电可靠性的关键因素，按目标的不同可分为系统供电薄弱环节辨识和负荷点供电薄弱环节辨识，按对象的不同可分为关键设备分析和关键参数分析。

为了分析提高设施可靠性、强化运维管理等措施对系统供电可靠性的影响，需进行参数灵敏度分析。在参数灵敏度分析过程中，对可靠性参数进行调整，并记录可靠性评估指标的变化情况。参数灵敏度分析可以为设备选用、制订管理措施等提供决策参考。同时，参数灵敏度分析还可以处理设施可靠性参数不准确的问题。

7.2 推荐的可靠性评估方法

7.2.1 故障模式后果分析法

故障模式后果分析法是中压配电网可靠性评估的基本方法，适用于开环运行和闭环运行的配电网。故障模式后果分析法通过分析所有可能的故障事件及其对系统造成的后果，建立故障模式后果分析表，通过该表计算负荷点和系统可靠性指标。其具体步骤如下：

a） 枚举单个设施故障，计入设施故障后断路器跳闸、故障隔离、恢复供电过程，确定故障对各负荷点的停电影响，进一步确定各负荷点的故障停电率和故障停电时间。

b） 将所有设施单独故障后各负荷点的故障停电率和故障停电时间列表，形成故障模式后果分析表（见 C.1）。记故障后会造成负荷点 LP 停电的设施集为 N，设施集中第 i 个设施的故障停运率和故障修复时间分别为 λ_i、r_i。该负荷点的故障停电率和故障停电时间期望值分别为 $\lambda_{\mathrm{LP-F}}$、$u_{\mathrm{LP-F}}$。则有：

$$\lambda_{\mathrm{LP-F}} = \sum_{i \in N} \lambda_i \qquad (19)$$

$$u_{\mathrm{LP-F}} = \sum_{i \in N} (\lambda_i \times r_i) \qquad (20)$$

c） 根据负荷点故障停电率期望值和故障停电时间期望值计算该负荷点的其他可靠性指标。

d） 依次计算每个负荷点的可靠性指标，并在此基础上计算系统可靠性指标。

注1：当负荷点可通过开关切换恢复供电时，负荷点停电时间由设施故障修复时间减少为故障停电转供时间或故障点上游恢复供电时间。

注2：在计算预安排停电的影响时，计算原理和过程与故障停电类似。

7.2.2 最小路法

最小路法是在故障模式后果分析法基础上对故障后果搜索方法进行了改进，其只适用于开环运行的配电网。对单个负荷点而言，设施可分为最小路上设施和非最小路上设施两类。从某负荷点逆着潮流的方向到电源点的路径上的设施为最小路上设施，不在该路径上的设施为非最小路上设施。最小路法通过搜索每个负荷点的最小路，将非最小路上设施故障的影响折算到相应的最小路的节点上，再对最小路上的设施与节点进行计算即可得出单个负荷点的可靠性指标，综合所有负荷点的可靠性指标即可得到系统的可靠性指标。其具体计算步骤如下：

a） 求取单个负荷点的最小路上设施和非最小路上设施。

b） 将该负荷点非最小路上设施故障的影响折算到相应的最小路的节点上（见C.2）。

c） 对该负荷点最小路上设施故障进行枚举，形成该负荷点的故障停电率期望值和年故障停电时间期望值列表，由此得到该负荷点的可靠性指标。

d） 依次计算每个负荷点的可靠性指标，并在此基础上计算系统可靠性指标。

注1：当负荷点可通过开关切换恢复供电时，负荷点停电时间由设施故障修复时间减少为故障停电转供时间或故障点上游恢复供电时间。

注2：在计算预安排停电的影响时，计算原理和过程与故障停电类似。

【条文解读】 中压配电网可靠性评估方法分为模拟法和解析法两大类。模拟法主要有序贯蒙特卡罗模拟法和非序贯蒙特卡罗模拟法两种。解析法主要有故障模式后果分析法、最小路法、贝叶斯网络法、马尔可夫法等。

模拟法通过对配电网设施状态的概率分布抽样来进行状态选择，评估状态后果并利用统计学方法得到可靠性指标。模拟法适合对复杂配电系统进行评估计算，但其计算精度受到模拟时间和收敛精度等因素的限制。对于含随机性较强的分布式电源的配电网，模拟法能充分计及分布式电源的时序特性，适用性强。

解析法根据设施之间的功能关系，用公式显式表示系统的可靠性评估模型，其原理简单、模型准确，计算精度高，且便于有针对性地进行不同元件性能对电网供电可靠性的影响分析，在配电网可靠性评估中得到广泛应用。故障模式后果分析法计算结果最为精确，是最基本的可靠性评估算法；最小路法面向负荷点，其计算速度较快，应用广泛；贝叶斯网络法构建复杂配电网的贝叶斯网络十分困难；马尔可夫法建立复杂配电网的状态空间图非常困难。因此，推荐使用故障模式后果分析法和最小路法。在实际应用中，为提高计算效率，对两种推荐方法进行适当改进。

7.3 有关说明

7.3.1 负荷取值方法

根据目的及应用场合的不同，应基于最大负荷、最小负荷、平均负荷、某一特定负荷或负荷曲线进行可靠性评估。当使用负荷曲线时，负荷点可靠性指标（负荷点供电可靠率期望值除外）为各负荷水平下（负荷曲线上每个点均为一个负荷水平）相应可靠性指标的算术平均值。

【条文解读】 在可靠性评估时，最常用的是最大负荷和平均负荷。

7.3.2 设施容量约束

应考虑转供时的线路容量约束。

【条文解读】线路、母线和配电变压器等均有容量参数。在典型运行方式下上述设备一般不会出现过载，但在负荷转供等非典型运行方式下，可能出现线路过载，因此，涉及负荷转供时需通过潮流计算或负荷再分配进行线路容量校核。另外，还应考虑其他可能限制设施容量的因素，如馈线电流互感器容量限制等。

在进行负荷分配时，假设馈线上各负荷点的负荷曲线形状与首端相同，各负荷点的功率因数与首端相等，同一馈线上各负荷点的负荷容量按配电变压器额定容量大小平均分配。

7.3.3 负荷转供方式

应考虑负荷转供方式对供电可靠性的影响。

【条文解读】在实际配电网运行中，一般首先转供最重要的用户。

7.3.4 配电自动化影响

应通过故障定位隔离时间、故障停电联络开关切换时间、故障段上游恢复供电操作时间等参数反映配电自动化的影响。

【条文解读】配电自动化为配电系统管理提供状态监测、信息传输与控制以及事故判断处理等，可显著提高配电网供电可靠性水平，其对供电可靠性的影响可分为以下两个方面：

（1）减少故障查找定位时间；

（2）减少开关操作时间。因此，可通过故障定位隔离时间、故障停电联络开关切换时间、故障段上游恢复供电操作时间等可靠性参数来体现配电自动化的影响。

7.3.5 上级电网影响

可将上级电网的影响等效到变电站 10（6、20）kV 母线进行考虑。

8 评估软件设计要求

8.1 基本要求

基本要求如下：

a） 应基于本导则有关规定进行软件开发。

b） 应具备良好的可靠性、易用性、效率、维护性、可移植性，且通过软件产品测试。

c） 应具备良好的通用性，能广泛适用于各种接线形式的中压配电网，且能适应地市级供电企业中压配电网的规模。

d） 应通过典型测试系统验证软件计算结果的正确性。

e） 应具备良好的数据管理功能，并配有必要的设施信息库和标准参数库。

【条文解读】为保证评估方法的正确性和评估结果的可比性，应基于导则有关规定进行软件开发；通过将软件的计算结果与导则提供的算例等进行比对，验证软件计算结果的正确性。

参数库作为可靠性评估软件的必备组成部分，应提供各种型号配电设施的基础参数以及典型可靠性参数。

8.2 功能设计要求

8.2.1 参数输入要求如下：

a） 参数输入应同时支持文本和图形两种方式，实现后台文件与图形自动同步更新。

b） 支持灵活的数据输入方式。同时支持标幺值和有名值，并实现自动转换；支持单个设施参数输入和全局参数输入。

c） 参数宜从现有信息系统导入。

【条文解读】现有的各种信息系统储存有大量的配电网基础数据和运行数据，通过数据交互与共享可避免海量数据录入工作，同时可实现数据同步及时更新，有利于大范围推广可靠性评估工作。

8.2.2 计算功能要求如下：

a） 参数校验。

b） 潮流计算或负荷分配核算。

c） 可靠性指标计算。

d） 参数灵敏度分析。

e） 负荷点供电薄弱环节分析。

f） 系统供电薄弱环节分析。

g） 多方案比对分析。支持不同方案的同时设计、计算分析和结果对比显示。

【条文解读】为保证输入数据的正确性，软件应具备基本的数据校验功能，如参数值范围校验、参数间逻辑性校验、网络连通性校验等。

负荷分配核算或潮流计算主要用于转供负荷时的容量校核。

软件应能自动识别系统及负荷点的供电薄弱环节，并按薄弱程度进行排序。薄弱环节分析包括关键参数分析和关键设备分析。通过关键参数分析，可识别制约供电可靠性水平的关键参数。通过关键设备分析，可识别制约供电可靠性水平的关键设备。关键设备分析应以开关设备、配电变压器、线段为对象。

关键参数分析可通过以下两种分析方式实现：

（1）针对选定的一个可靠性指标（如系统平均停电时间期望值），详细罗列出该指标的计算细节，按不同类别的可靠性参数分别进行指标影响统计，即可得出对该指标影响较大的可靠性参数。

（2）针对选定的一个可靠性指标（如系统平均停电时间期望

值），计算不同可靠性参数对该指标的差分，通过差分的大小可以判断不同可靠性参数对指标的影响大小。

关键设备分析可通过以下方式实现：针对选定的一个可靠性指标（如故障停电的 SAIFI），逐一计算单个开关设备、配电变压器和线段对该可靠性指标的影响，影响较大的即为关键设备。

多方案比对分析是对 2 个及以上的方案进行可靠性评估指标的定量比较，从而选出可靠性较优的方案。方案比选的前提是选取特定的指标作为比选标准。需要说明的是，不同方案可能来源于薄弱环节分析后所提出的不同可靠性改善方案，也可能来源于其他途径，如规划部门对同一区域提出的多种电网规划方案，电网调度部门对同一地区提出的多种可能的电网运行方式。

8.2.3 结果输出要求如下：

a） 能按照负荷点、馈线、区域分别输出各项评估指标。

b） 支持以图形标注方式显示计算分析结果和设备参数。

c） 能用表格、图形、曲线等形式以及不同颜色展示计算分析结果。

d） 具备计算结果导出功能。

【条文解读】 负荷点可靠性指标可以直观地反映各负荷点的供电可靠性水平，可用于判断重要用户的供电可靠性水平是否满足要求；馈线及区域的可靠性指标可反映局部地区的供电可靠性水平。

9 评估报告编制要求

9.1 前言

包括评估的背景、目的、对象、流程及编制依据等。

9.2 电网概况

包括供区概况、上级电网及电源情况、配电网现状及规划情况、装备水平及规模等。

9.3 计算条件

计算条件应至少包含以下内容：

a）计算模型。

b）参数及其来源。

c）评估方法。

d）计算工具。

e）网络简化及等值说明。

f）其他计算条件说明。

9.4 指标分析

应列出各项系统可靠性指标。

应进行负荷点和馈线可靠性指标大小分布情况分析、不同区域可靠性指标对比分析、故障停电与预安排停电比重分析。

应进行不良指标分析。

9.5 薄弱环节分析

应结合指标分析结果，开展供电薄弱环节分析，包括关键设备分析和关键参数分析。

9.6 改善措施及其效果

根据指标分析和薄弱环节分析结果，从网络结构、设备配置、运维管理等方面提出可靠性改善措施，并进行改善前后的可靠性对比分析，宜进行可靠性改善措施的技术经济分析。

9.7 结论及建议

给出供电可靠性的总体评价，指出影响供电可靠性的主要因素和薄弱环节，提出需要采取的可靠性改善措施。

参 考 文 献

[1] 万凌云，王主丁，伏进等. 中压配电网可靠性评估技术规范研究［J］. 电网技术，2015.

[2] 李汶元. 电力系统风险评估模型、方法和应用［M］. 周家启，卢继平，胡小正，等译. 北京：科学出版社，2006.

[3] 国家电网公司. 供电可靠性管理实用技术［M］. 北京：中国电力出版社，2008.

[4] R. 别林登，R. N. 阿伦. 工程系统可靠性评估——原理和方法［M］. 周家启，任震，译. 重庆：科学技术文献出版社重庆分社，1988.

[5] 陈文高. 配电系统可靠性实用基础［M］. 北京：中国电力出版社，1998.

[6] 国家电网公司. 电力可靠性管理培训教材　理论篇　电力可靠性理论基础［M］. 北京：中国电力出版社，2012.

[7] H. Lee Willis. 配电系统规划参考手册（第二版）［M］. 范明天，刘健，张毅威，等译. 北京：中国电力出版社，2013.

[8] 王成山，罗凤章. 配电系统综合评价理论与方法［M］. 北京：科学出版社，2012.

[9] 李明东，别朝红，王锡凡. 实用配电网可靠性评估方法的研究［J］. 西北电力技术，1999.

[10] 国家电网公司. 电力可靠性管理培训教材　操作篇　供电系统用户供电可靠性工作指南［M］. 北京：中国电力出版社，2012.

[11] 赵华，王主丁等. 中压配电网可靠性评估方法的比较研究［J］. 电网技术，2013，37（11）：3295–3302.

[12] 中国电机工程学会城市供电专业委员会. 供用电工人技能手册　配电线路［M］. 北京：中国电力出版社，2004.

[13] 苑舜，王承玉，海涛，等. 配电网自动化开关设备［M］. 北

京：中国电力出版社，2007.
[14] 陈堂，赵祖康，陈星莺，等. 配电系统及其自动化技术[M]. 北京：中国电力出版社，2003.